BERICHTE ÜBER DIE VERHANDLUNGEN DER SÄCHSISCHEN
AKADEMIE DER WISSENSCHAFTEN ZU LEIPZIG

Mathematisch-naturwissenschaftliche Klasse
Band 97 · Heft 6

E. HEIDEBROEK

DAS VERHALTEN VON ZÄHEN FLÜSSIGKEITEN INSBESONDERE SCHMIERFLÜSSIGKEITEN IN ENGEN SPALTEN

1952

AKADEMIE-VERLAG BERLIN

BERICHTE ÜBER DIE VERHANDLUNGEN DER SÄCHSISCHEN AKADEMIE DER WISSENSCHAFTEN ZU LEIPZIG

Mathematisch-naturwissenschaftliche Klasse

Band 97 · Heft 6

E. HEIDEBROEK

DAS VERHALTEN VON ZÄHEN FLÜSSIGKEITEN INSBESONDERE SCHMIERFLÜSSIGKEITEN IN ENGEN SPALTEN

1952

AKADEMIE-VERLAG · BERLIN

Vorgetragen in der Sitzung vom 21. März 1949

Manuskript eingeliefert am 8. August 1949

Druckfertig erklärt am 9. März 1950

Erschienen im Akademie-Verlag GmbH., Berlin NW 7, Schiffbauerdamm 19
Veröffentlicht unter der Lizenz Nr. 1217 des Amtes für Literatur und Verlagswesen der Deutschen Demokratischen Republik
Satz und Druck der Druckerei Thomas Müntzer Langensalza
Bestell- und Verlagsnummer: 2027/97/6 N
Preis: DM 5.80

Das Verhalten von zähen Flüssigkeiten, insbesondere Schmierflüssigkeiten, in engen Spalten

Von Professor Dr.-Ing. E. Heidebroek
Technische Hochschule Dresden

Das Gebiet der Schmierung gehört zu denjenigen Grenzgebieten des Maschinenbaus, in denen die technisch-wissenschaftliche Forschung bis zu den Grenzen der Naturerkenntnis vorstoßen muß, die die physikalische und vor allem die chemisch-physikalische Wissenschaft bisher erreicht haben. Unsere Kenntnis von den inneren molekularen Vorgängen in Flüssigkeiten, insbesondere denen, die als „zähe Flüssigkeiten" bezeichnet werden, bleiben, im ganzen gesehen, noch weit zurück hinter der Kenntnis der Struktur der festen, kristallinen Körper oder der Gase, wie sie uns etwa durch die kinetische Gastheorie vermittelt werden; beides Elemente, auf denen der theoretische Maschinenbau seine fundamentalen Gesetze aufbaut. Dabei sind die Aufgaben der Schmiertechnik sowohl in ihrer Vielfältigkeit als auch in der Problemstellung von einer Ausdehnung, die von der feinsten Glashütter Präzisionsuhr bis zu dem riesigen Turbogenerator einer Wasserkraftanlage reicht, in dem Belastungen bis zu 500000 kg in einem einzigen Lager betriebssicher aufgenommen werden müssen.

Der Ablauf eines Schmiervorganges, bei dem Kräfte von bewegten Teilen auf feste übertragen werden müssen, beruht immer auf dem Zusammenwirken von drei Komponenten, nämlich

a) dem Schmierstoff,
b) der Struktur der korrespondierenden, meist metallischen Flächen,
c) von dem konstruktiven, d. h. geometrischen Aufbau der zusammenarbeitenden Teile.

Alle drei können den erfolgreichen Ablauf des Schmiervorganges fördern oder stören, wobei insbesondere thermo-dynamische Vorgänge in der trennenden Flüssigkeitsschicht, dem Ölfilm, eine wesentliche Rolle spielen. Die vorliegenden Betrachtungen sollen sich vorwiegend mit den Schmierstoffen befassen, also in der Hauptsache mit den sehr komplexen C-H-Gruppen, die als Schmierstoffe in vorderster Linie stehen und sowohl aus Naturstoffen wie neuerdings durch synthetische Verfahren gewonnen werden können. Ihre wirtschaftliche Bedeutung kann, namentlich bei der heutigen Mangellage, kaum überschätzt werden.

Die bisherige Forschung wird im wesentlichen von der Chemie, insbesondere von der physikalischen Chemie geführt. Die Ölchemie hat eine ganze Reihe von Untersuchungsmethoden entwickelt, die sich mit den chemischen Eigenschaften der Öle befassen, die das Herstellungsverfahren und bestimmte, im Schmierprozeß auftretende Effekte, insbesondere ihre Alterungsvorgänge, zu überwachen gestatten und zu einer großen Zahl von genormten „Testen" geführt haben, nach denen ihre praktische Verwertbarkeit klassifiziert werden kann [1][1]. Es hat sich aber in neuerer Zeit immer mehr erwiesen, daß diese Methoden dem eigentlichen technischen Vorgang der Schmierung nicht genügend nahekommen und besonders für die typischen Fälle einer Ergänzung durch mehr technisch-physikalische Untersuchungen bedürfen. Diese bauen sich auf auf der seit einer Generation und länger von hervorragenden Forschern entwickelten „hydrodynamischen" Schmiertheorie, die von Newton über Reynolds, Mitchell, Tower, Sommerfeld, Gümbel, Holm u. a. immer mehr vervollkommnet wurde und neuerdings in das sehr umstrittene Problem der als „Schmierfähigkeit", auch als Oiliness, Onctuosité usw. bezeichneten Eigenschaft ausmündet. Dabei war insbesondere die angelsächsische Forschung bisher führend [2].

Das Wesen der hydrodynamischen Theorie kann am einfachsten an dem Beispiel des zylindrischen Zapfens in einer zylindri-

---

[1] Die Zahlen in eckigen Klammern beziehen sich auf das beigefügte Schrifttumsverzeichnis.

schen Lagerschale erläutert werden (Abb. 1). Die beim Gleiten des Zapfens über der ortsfesten Lagerschale aus dem Prinzip von Newton in der Ölschicht nach dem Gesetz $\tau = \eta \frac{dv}{dy}$ entstehenden Schubspannungen bewirken in der sich verengenden Ölschicht bei laminarer Strömung einen Druckanstieg, den Öldruckberg, und mit diesem zusammen unter dem Einfluß der äußeren Last P eine Verlagerung des Zapfens aus der Lagermitten-Ebene um einen Winkel α_0 bis zu einem engsten Spalt h_0, bis zu dem der Druck auf 0 abfällt und u. U. in einen Unterdruck (Vacuum) übergeht.

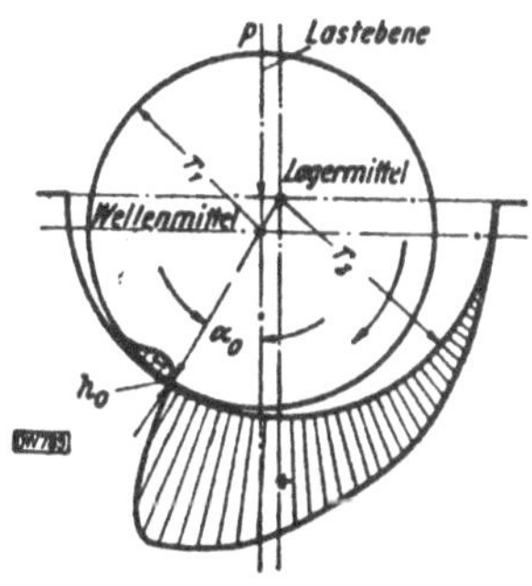

Abb. 1. Schwimmlager
Drucksteigerung in der Schmierschicht bei halbumschließenden Querlagern.

Das Gesetz der Drucksteigerung ist genau berechenbar. Nach einem vom Verfasser entwickelten Ansatz [3] läßt sich der Wert von α_0 durch eine Funktion ausdrücken von der Form*):

$$f(\alpha_0) = \alpha_0^3 \cos \alpha_0 = \frac{6\eta \cdot U \cdot r_1^2 J_0}{c^2 \cdot P/b}. \tag{1}$$

Darin bedeutet η die dynamische Zähigkeit $\left[\frac{\text{kg sec}}{\text{cm}^2}\right]$, U = Zapfengeschwindigkeit. c den sog. Schmiegungsfaktor, der in der Regel dem halben Lagerspiegel $c = \frac{r_1 - r_2}{2} = \frac{\delta}{2}$ gesetzt werden kann; P/b die äußere Last, bezogen auf 1 cm Breite und J_0 das Integral einer trigonometrischen Funktion, das für normale Lager auf einen Wert $J_0 = 0{,}1$ konvergiert. Trägt man die Funktion $\alpha_0^3 \cos \alpha_0$ graphisch auf, so kann man daraus den zugehörigen Wert α_0 abgreifen und aus der Beziehung $h_0 = \delta\,(1 - \cos\alpha_0)$ die Weite des engsten Spaltes bestimmen. Dieser engste Spalt ist die kritische Stelle des Lagers. Für $U = o$ und $P/b = \infty$ wird $\alpha_0 = o$, $h_0 = o$,

*) Dieser Ansatz vernachlässigt die an der Oberfläche des Zapfens auftretenden Schubspannungen, die um 2 bis 3 Größenordnungen kleiner sind, als die Druckkräfte.

d. h. der Zapfen liegt unten auf. Umgekehrt vergrößert sich mit wachsendem U und sinkendem P der Wert von α_0; jedoch kommen praktisch bei einigermaßen voller Ausnutzung der Tragfähigkeit nur Größen von $\alpha_0 \leqq 30^0$ in Frage. Durch das Verhältnis Lagerlänge zu Durchmesser kann die obige Funktion bei großem Wert $\frac{l}{2 r_1}$ bis auf 0,7 des oben für unendlich lange Lager berechneten Wertes absinken.

Der hier zugrunde liegende hydrodynamische Strömungsvorgang ist der eigentliche Träger des Schmiervorganges. Ohne ihn ist keine Tragwirkung im Lauf möglich. Es muß immer durch die Wahl der obenerfaßten Größen angestrebt werden, daß der Zapfen auf dem Ölfilm schwimmt. Diese Wirkung tritt auch für kleinste Werte von $h_0 \leqq 1 \div 2\,\mu$ noch auf. Ihre Begrenzung liegt einmal in der technisch unvermeidbaren Rauhigkeit der Oberflächen, die auch bei feinster Bearbeitung kaum unter 1/1000 mm gesenkt werden kann. Es wächst aber die Tragfähigkeit der Schmierschicht umgekehrt proportional dem Quadrat des Lagerspiels, woraus die Bedeutung dieser Größe und die Notwendigkeit einer sehr sauberen Bearbeitung erhellt.

Die Berechnung der in der Flüssigkeitsschicht durch innere Reibung entstehenden Wärme ist auf thermodynamischer Grundlage infolge der noch unentwickelten Thermodynamik zäher Flüssigkeiten nicht möglich, sondern nur über die Energiegleichung $A = P \cdot \mu \cdot U$ (mkgsec^{-1}), wenn μ den Reibungsbeiwert darstellt. Dieser wird in der Regel nach dem Ansatz $\mu = k\sqrt{\frac{\omega}{2p}}$ berechnet [4] [5], hat aber mit der alten Coulomb'schen Reibungszahl (dimensionslos) nichts zu tun, sondern ist eine komplexe Funktion der Größen U, r_1, η, α_0, P und δ.

Unter der Annahme konstanter Temperatur und Belastung ist er besonders der Zapfengeschwindigkeit verhältig (Abb. 2). Diese sogenannte Stribeck-Kurve zeigt aber bei allen Ölen bei kleinen Geschwindigkeiten einen aus der hydrodynamischen Gleichung nicht erkennbaren Umkehrpunkt bzw. einen mehr oder weniger steilen Anstieg nach Null hin in das Gebiet, das gemeinhin als „Grenzreibung" bezeichnet wird. Das bedeutet, daß in diesem Abweichungen von der exakten Theorie auftreten. Worauf sind diese zurückzuführen? Einmal auf die schon erwähnten Unebenheiten der technischen Oberflächen, ihre Vor- und Rücksprünge, die die Kontinuität der Strömung stören oder unterbrechen. Auf dieser beruht aber der hydrodynamische Ansatz. Vor allem aber aus der aus dem obigen Schema Abb. 1 belegten Tatsache, daß die Dicke des Ölfilms auf Werte absinken kann, in der die freien Valenzen der Metalloberflächen auf die molekulare Struktur und die Ordnung der Ketten Einfluß gewinnen. Hierüber sagt die hydrodynamische Theorie nichts aus, denn in ihr erscheint als einzige physikalische Größe die Viskosität η. Diese ist zwar bekanntlich sowohl von der Temperatur wie vom Druck abhängig; die mathematische Behandlung dieser weiteren Parameter begegnet aber fast unüberwindlichen Schwierigkeiten. Die grenzphysikalischen Einflüsse lassen sich vorläufig nur experimentell ermitteln; darüber, wie weit sie in das Molekulargefüge eindringen, sind die Ansichten der physikalischen Chemiker geteilt. Es sprechen dabei die polaren oder unpolaren Eigenschaften der Moleküle, ihre Dipolmomente und Assoziationen einzelner Gruppen und deren Affinität zu den angrenzenden Metallen eine Rolle.

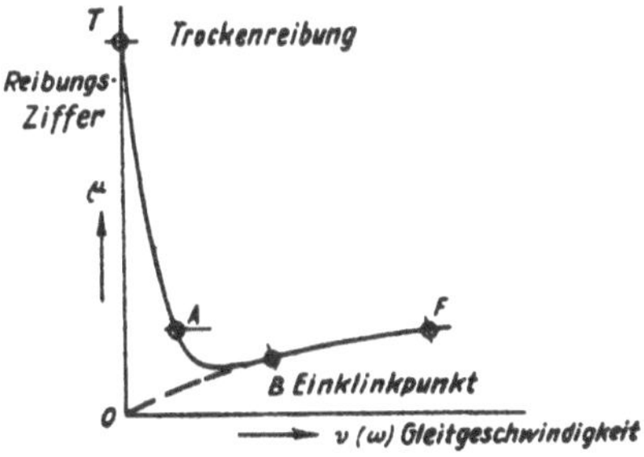

Abb. 2. Stribeck-Kurve $\mu = f(v)$

Durch Elektronen-Beugungsbilder ist es, namentlich bei angelsächsischen Forschern (Abb. 3) möglich gewesen, das Vorhandensein einer amorphen Grenzschicht, der sogenannten Beilby-Schicht nachzuweisen [2], die nach Glocker [6] auf eine Verzerrung des Kristallgitters hinausläuft (Abb. 4). Die Beständigkeit dieser amorphen Schicht wird allerdings von anderen Forschern bestritten. Neuerdings wird versucht, durch minimale Zusätze von Phosphaten, Schwefelverbindungen und dergleichen, die zur Bildung von Metallseifen führen, eine solche Grenzschicht künstlich zu erzeugen, von der man sich eine bessere Haftfähigkeit der Ölmoleküle und größere Belastungsfähigkeit verspricht (sogenannte Hochdrucköle für Kraftwagengetriebe).

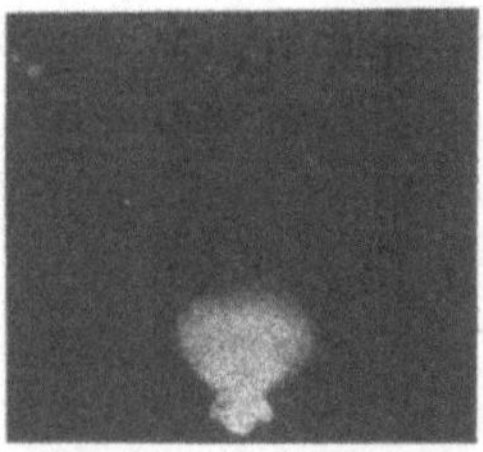

Diffuse Halo Pattern, Typical of Liquid and Amorphous Surfaces

Pattern Due to α-Iron

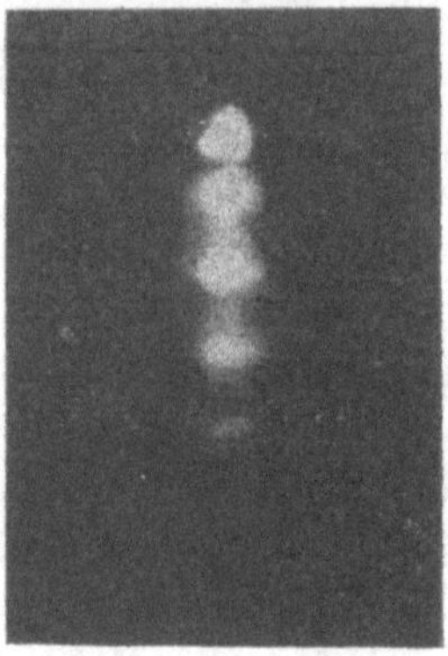

Pattern given by Graphite Crystals with their Slip Planes Parallel to an Electron Beam Grazing a Plane Surface

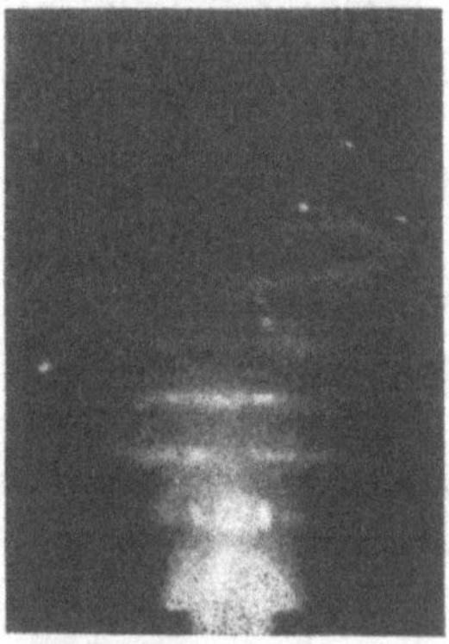

Pattern of Parallel Broken "Layer Lines" due to Longchain Hydrocarbon Oil Molecules Standing Vertically on the Surface Grazed by the Electron Beam

Abb. 3. Röntgenbeugungsaufnahmen von Metalloberflächen

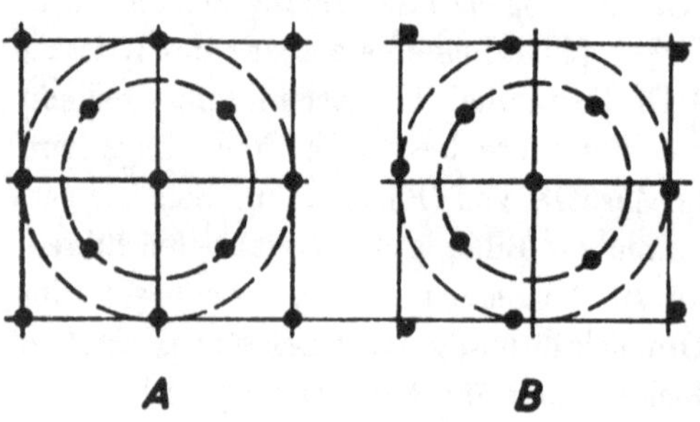

Abb. 4.
Atommodell nach Glocker

Zweidimensionales Modell der Atomanordnung:
A eines kristallinen Stoffes
B eines amorphen Stoffes

Der Erfolg dieser Versuche ist zweifelhaft, weil die Zusätze sich unter Umständen im Dauerbetrieb bei Umlaufschmierung verbrauchen. Ihre Anwendung läuft praktisch vielfach auf eine im Betriebe angestrebte Verbesserung der Lauffläche hinaus, die man besser durch eine von Anfang an mit höchster Präzision durchgeführte Feinstbearbeitung (Diamantdrehen bzw. Drücken) erzielen kann.

Die Tränknersche Federreibungswaage

Die vorstehenden Betrachtungen zeigen bereits, wie kompliziert der Mechanismus dieser Grenzflächenphysik ist. Um experimentell weiterzukommen, wurde das in Abb. 5 dargestellte, von Dr.-Ing. Tränkner als Federreibungswaage entworfene, sehr empfindliche Gerät entwickelt [7]. Dasselbe gestattet, bei kleinsten Schleichgeschwindigkeiten bis herab auf 0,01 mm/sec und darunter die Reibungszahl μ als Funktion der Zapfengeschwindigkeit im Übergang zur Grenzreibung und in derselben direkt zu messen und abzubilden. Eine Stahlwelle von 6 mm Durchmesser läuft in einer Lagerschale aus irgendeiner Metallpaarung mit dem üblichen Lagerspiel von 1-2‰. Das auf die Lagerschale ausgeübte Reibungsmoment verbiegt eine dünne Blattfeder, an der ein Spiegel befestigt ist. Dieser reflektiert einen aufgeworfenen Lichtstrahl auf einen mit der Welle synchron laufenden, lichtempfindlichen Film. Die Ausschläge des Lichtpunktes können genau geeicht werden und zeigen mit sehr großer Empfindlichkeit sowohl den Einfluß der Ölart wie auch der Metallpaarung, der Belastung, Temperatur und Geschwindigkeit.

Jedem Öl ist eine charakteristische μ-v-Kurve zugeordnet. Abb. 6 zeigt z. B. das Verhalten bekannter Standardöle ausländischer Herkunft, von denen einzelne mit unbekannten Zusätzen der obenerwähnten Art vermischt sind. Diese führen offenbar zu einer Umkehr der μ-Kurve gegen die Ruhelage hin, verhindern also ein unerwünschtes Ansteigen des Reibungswertes bei kleinsten Geschwindigkeiten. In Abb. 7 sind die Kurven einiger synthetischer Öle wiedergegeben, von denen das hochmolekulare Öl K_1 eine bis fast auf den Nullpunkt „hydrodynamisch" abfallende Kurve ergibt, während andere Öle einen breiten Bereich der Grenzreibung aufweisen.

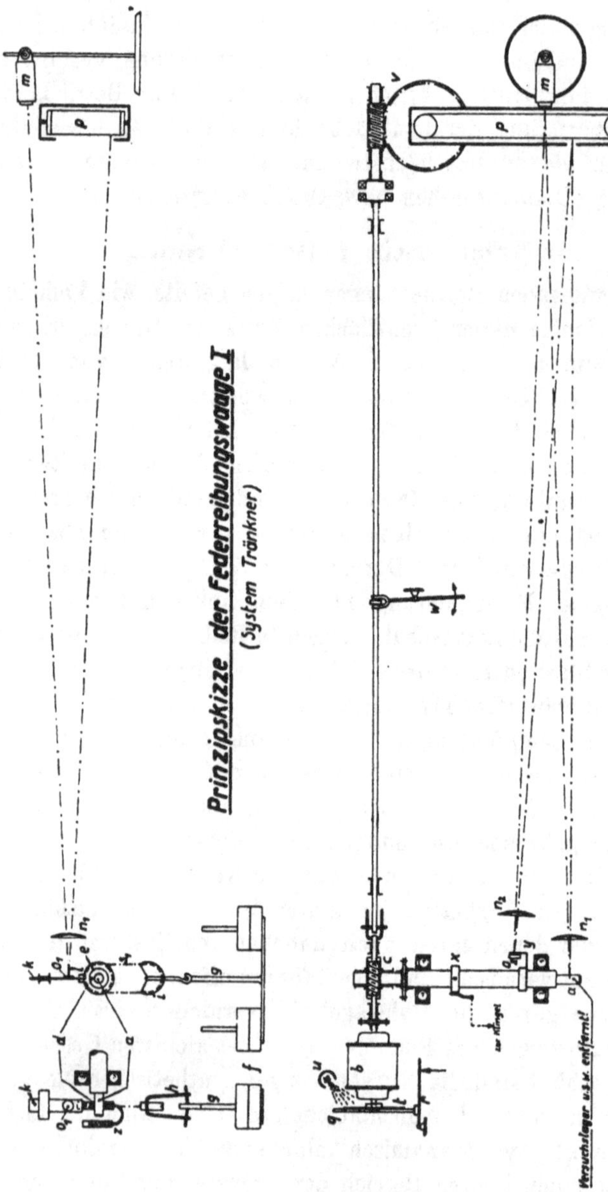
Prinzipskizze der Federreibungswaage I
(System Tränkner)
Versuchslager u.s.w. entfernt!

Abb. 5

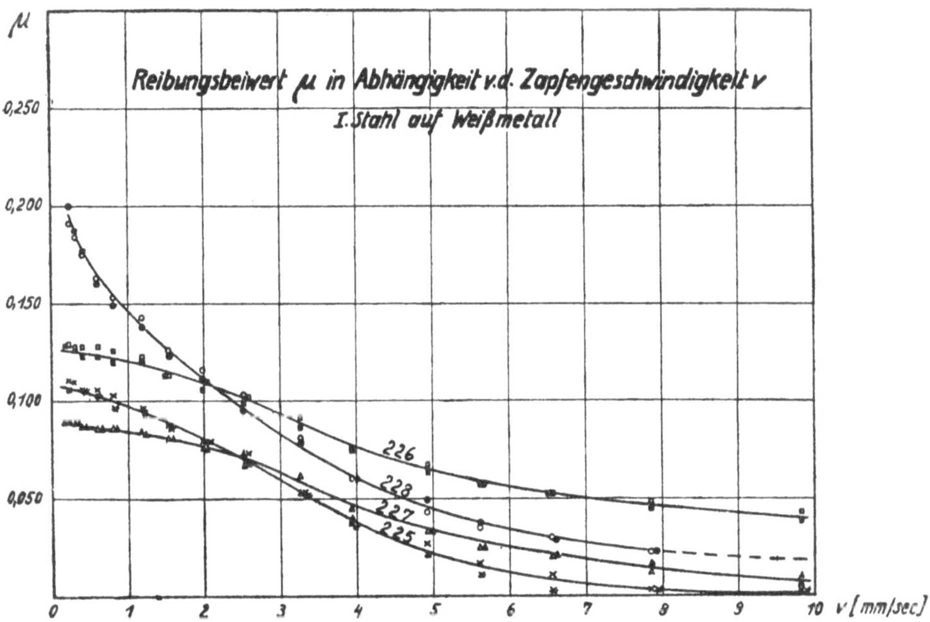

Abb. 6

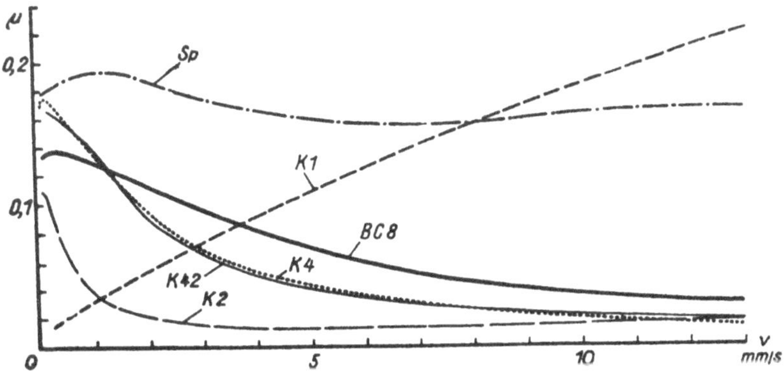

Abb. 7. Abhängigkeit der Reibung vom Lagerwerkstoff und vom Schmiermittel

In Abb. 8 ist ein Originalfilm wiedergegeben, aus dem der bei manchen Ölen auftretende schwingende Verlauf der Reibung ersichtlich ist (stick-slipping). Ein sehr reichhaltiges Versuchsmaterial findet sich in der Arbeit von TRÄNKNER [7].

Die als Gleitlager gekennzeichneten Schmiervorgänge bilden aber nur ein Spezialgebiet. Daneben gibt es zahlreiche Anwendungsfälle, bei denen entweder pendelnde, durch die Null-Ruhelage führende Bewegungsvorgänge auftreten, z. B. bei der oszillierenden Bewegung der Kolben im Zylinder, oder bei denen die gleitenden Flächen sich periodisch einander nähern oder voneinander abheben. Das letztere ist insbesondere der Fall bei Zahnradgetrieben, Wälzlagern,

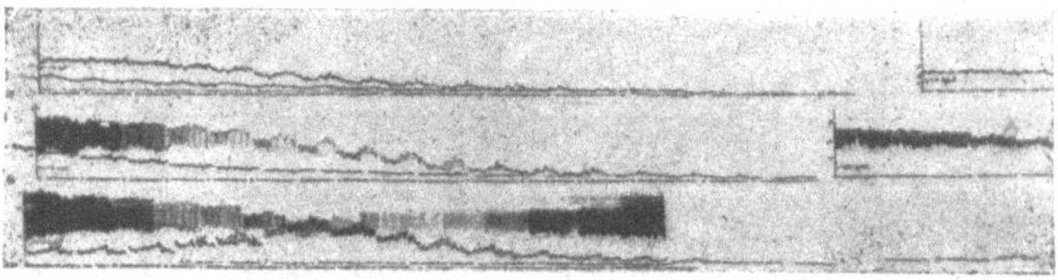

Abb. 8. Schwingender Verlauf der Reibungszahl auf der Federreibungswaage

Steuerungsnocken u. dgl. Ein besonders schwieriger Grenzreibungsfall liegt vor bei konvex gekrümmten Zahnflanken. Bei ihnen überlagert sich eine im Teilkreis die Richtung wechselnde Gleitbewegung einer Wälzbewegung der Zahnflanken. Die zwischen ihnen auftretenden Pressungen, die sich aus den HERTZschen Gleichungen berechnen lassen, sind sehr hoch, oft bis zu 10000 kg/cm², und führen zu elastischen Deformationen, denen mit der einfachen hydrodynamischen Theorie nicht beizukommen ist. Auch darüber wurden im Institut des Verfassers eingehende Untersuchungen angestellt [8, 9], insbesondere in einer Arbeit meines früheren Mitarbeiters, Professor Dr.-Ing. W. PEPPLER.

Das Abreißprüfgerät

Es mußte zur Grundlagenforschung geschritten werden, um das Verhalten der Schmierstoffe beim Auseinanderdrücken und Abheben

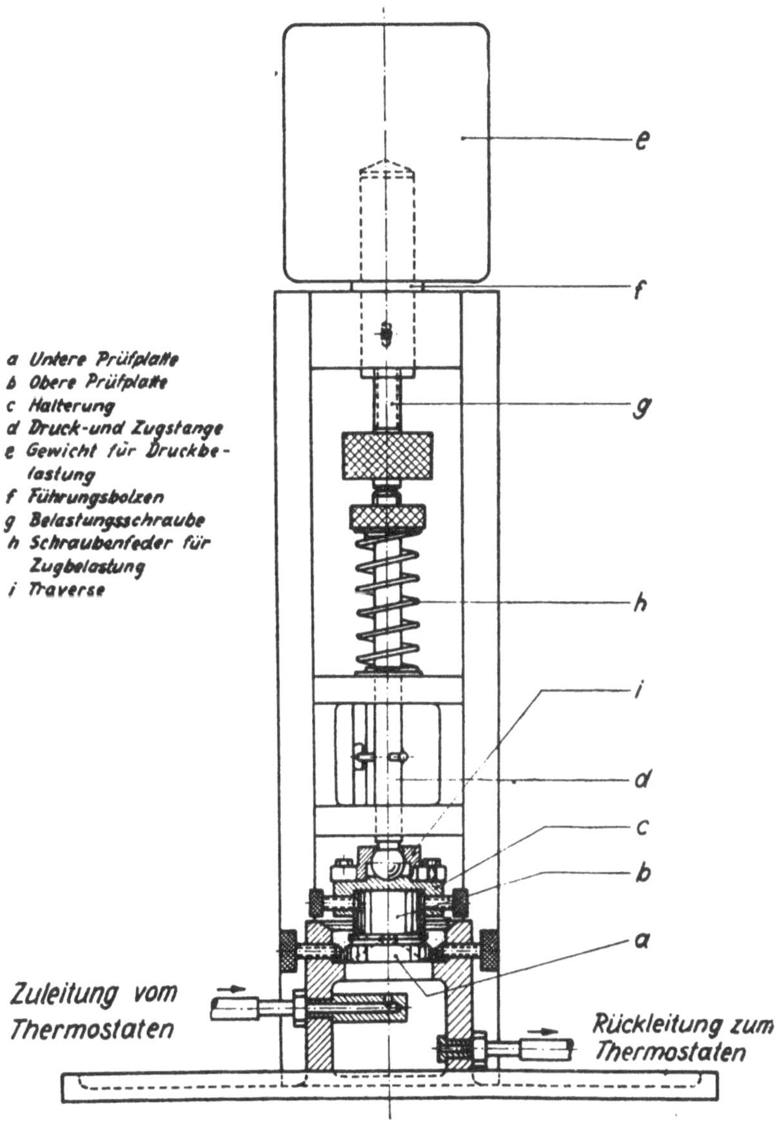

Abb. 9a. Ölprüfgerät nach Heidebroek (Bauart BMW)

der Flächen zu studieren. Zu diesem Zweck wurde das in Abb. 9a und b wiedergegebene Abreißprüfgerät entworfen und von den BMW ausgeführt. Dasselbe enthält zwei genau plangeschliffene Platten, von denen die untere in einem mit Öl gefüllten Behälter fest montiert ist, die obere (Abb. 9a) entweder durch eine senkrecht nach oben wirkende Zugfeder abgerissen oder seitlich parallel zur Platte durch Schubkräfte abgezogen wird (Abb. 9b). Vor dem eigentlichen Versuch wird der zwischen den Platten befindliche Ölfilm unter Öl, d. h. Luftabschluß, zunächst durch ein Belastungsgewicht zusammengedrückt, so daß er bis auf eine, seiner molekularen Struktur entsprechende Mindestdicke zusammengedrückt wird, ohne daß er selbstverständlich seitlich völlig abströmt. Es tritt hier der sog. Kontaktzustand ein, d. h. die Ölmoleküle halten die Platten mit großer Kraft aneinander fest, so daß sie nur mit einem entsprechenden Kraftaufwand voneinander getrennt werden können. Wird nun eine Zugkraft bestimmter Größe beispielsweise senkrecht zu den Platten nach oben wirksam gemacht, z. B. durch Freigabe einer gespannten Feder, die eine auf den cm² bezogene Zugkraft σ_z ausübt, so erfolgt das Abreißen bei einer gegebenen Temperatur stets nach einem Gesetz

$$\sigma_z \cdot t_z = \eta_z = \text{const.}$$

Die Zeit t_z wird gemessen; sie kann je nach der Größe der aufgebrachten Zugkraft σ_z wenige Minuten oder mehrere Stunden betragen. Der Wert η_z hat die Dimension $\frac{\text{kg sec}}{\text{cm}^2}$, also der dynamischen Zähigkeit und ist somit ein der Viskosität aequivalenter Wert, d. h. ein Ausdruck für die „Zerreißfestigkeit" des Schmierstoffes. Diese hat ihren Grund offenbar in den intermolekularen van der WAALschen Kräften einerseits und der Adsorptionskraft zwischen der Metalloberfläche und der Ölschicht andererseits. Zur Temperaturregelung ist das Gerät mit einem Thermostaten verbunden, mit dem man beliebige Temperaturen bis zu rd. 100° C einregeln kann. Trägt man die gemessenen Zeitwerte bei gleichbleibender Zugkraft und wechselnder Temperatur im bekannten Ubbelohde-Diagramm im doppel-logarithmischen System auf, so

Abb. 9b
Ölprüfgerät nach Heidebroek
(Bauart BMW)
Abschervorrichtung

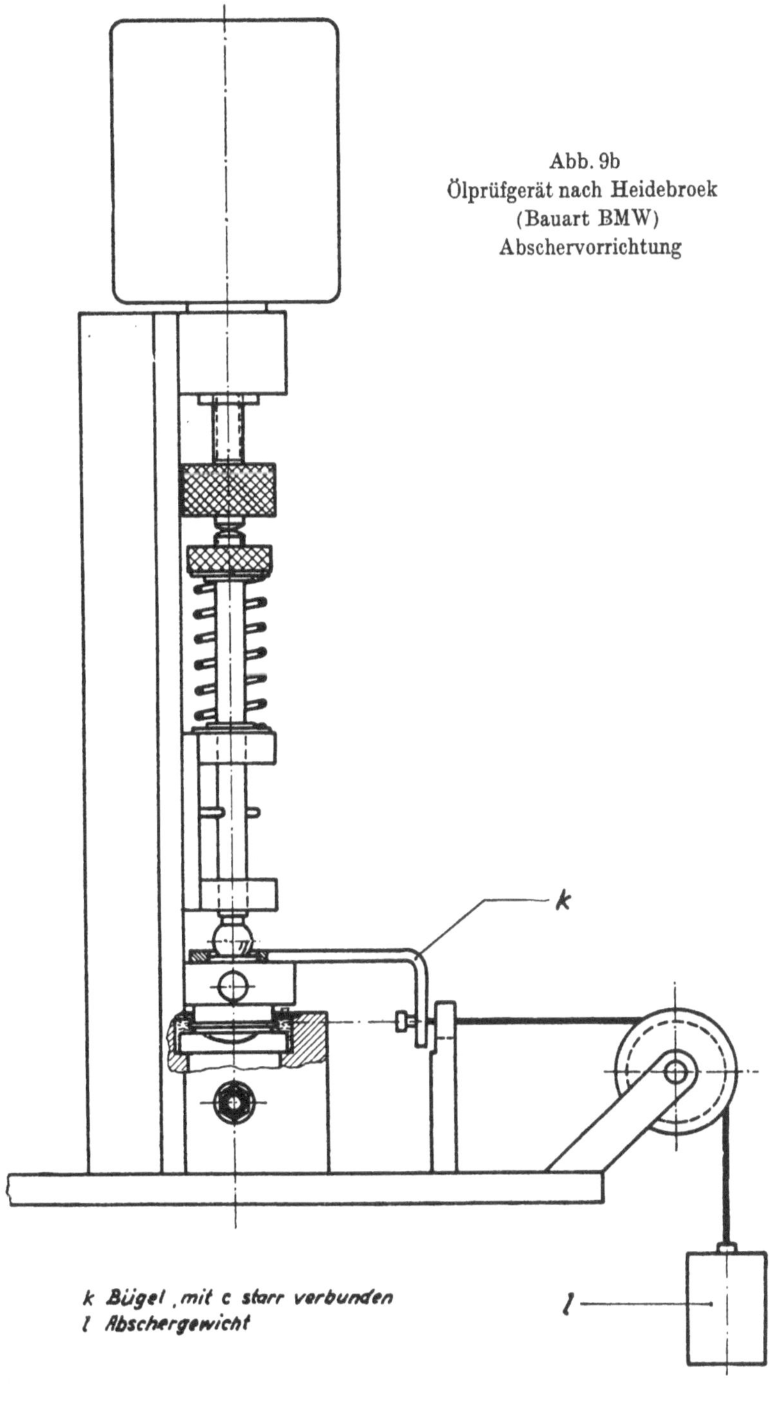

k Bügel, mit c starr verbunden
l Abschergewicht

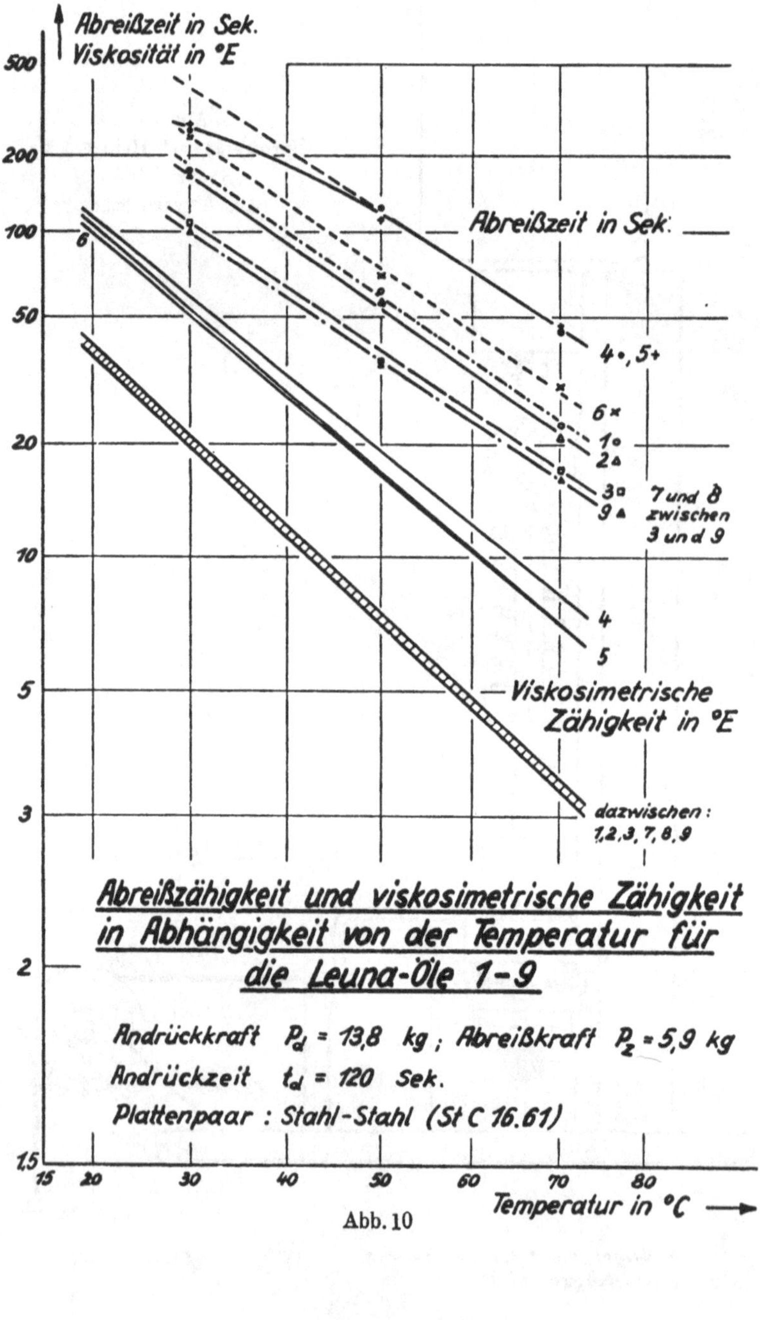
Abreißzeit in Sek.
Viskosität in °E
500
200
100
50
20
10
5
3
2
1,5
Abreißzeit in Sek.
4•, 5+
6×
1○
2△
3□
9▲
7 und 8 zwischen 3 und 9
4
5
Viskosimetrische Zähigkeit in °E
dazwischen: 1, 2, 3, 7, 8, 9
Abreißzähigkeit und viskosimetrische Zähigkeit in Abhängigkeit von der Temperatur für die Leuna-Öle 1–9
Andrückkraft P_d = 13,8 kg; Abreißkraft P_z = 5,9 kg
Andrückzeit t_d = 120 Sek.
Plattenpaar: Stahl-Stahl (St C 16.61)
15
20
30
40
50
60
70
80
Temperatur in °C

Abb. 10

liegen alle Meßpunkte genau auf einer geneigten Geraden, ähnlich wie die Viskositäten; der Neigungswinkel ist ein Maß für die Temperatur-Abhängigkeit der Abreißzähigkeit (Abb. 10).

In einer ausführlichen Arbeit wurde das Gerät von meinen Mitarbeitern Dr.-Ing. Pietsch [9] und Dipl.-Ing. Häuszler in hundertfachen Versuchen geprüft. Es ergibt nicht nur eine für jedes Öl charakteristische Gerade, sondern zeigt auch den Einfluß der Oberflächen-Rauhigkeit, dies in dem Sinne, daß mit wachsender Rauhigkeit die Abreißzähigkeit sinkt, ferner die Auswirkung verschiedener Werkstoffpaarungen auf die Molekularstruktur, der Flächengröße aber nur insoweit, als diese, zweckmäßig kreisförmig, nur bei kleinen Flächen eine Störung durch Randwirkung ergibt.

Der Beweis, daß strukturelle Änderungen in der Ölschicht durch Grenzflächenwirkungen erfolgen können, wird durch diese Versuche eindeutig erbracht. Er liefert aber auch eine überraschende Aufklärung über manche aus der Praxis bekannte Korrosionserscheinungen. Daß Gesetz $\sigma_z \cdot t_z = \eta_z = \text{const.}$ bedeutet, daß $\sigma_z = \frac{\eta_z}{t_z}$, also die wirksame Zugkraft der Zeit umgekehrt verhältig ist, also bei sehr kurzen Abreißzeiten hohe Zugkräfte (bzw. Schubkräfte) auftreten können, wenn ein Andrücken, d. h. Zusammenpressen der Ölfilme vorhergeht. Das erklärt das Auftreten der sog. „Pittings" in der Teilkreiszone der Zahnräder, d. h. kraterartiger Anfressungen an der Stelle der Zahnflanke, in der die Gleitgeschwindigkeit = 0 ist, ferner die bekannten Korrosionserscheinungen in der Totpunktlage der obersten Kolbenringe in Verbrennungsmotoren u. a. m.

Einen schönen Beweis für die grundsätzliche Richtigkeit dieser Auffassung lieferte ein in der gleichen Arbeit [9] beschriebener Versuch. Wiederholt man den Abreißvorgang mit hoher Frequenz, indem man einen durch Nocken gesteuerten Stößel wiederholt bis dicht (0,05 mm) auf eine mit Öl bedeckte Platte herabsenkt, so zeigen sich bei einer Frequenz von beispielsweise 2000. min^{-1} nach wenigen Stunden kraterartige Anfressungen in der Plattenoberfläche (Abb. 11). Diese sind zweifellos auf Ermüdungsvorgänge durch wechselnde Zug- und Druckkräfte in dem Kristallgefüge der Platte zurückzuführen, die ja aber nur durch den Ölfilm übertragen werden können. Auch Kavitationsvorgänge sind denkbar.

Die überraschenden Ergebnisse dieser Versuche sind viel diskutiert worden, insbesondere nach der Richtung hin, ob sie nicht auch hydrodynamisch zu deuten sind, tritt doch sowohl bei der Annäherung wie beim Abreißen der Platten eine Strömung der Ölschicht erst nach außen und dann wieder nach innen ein. Es lag daher die

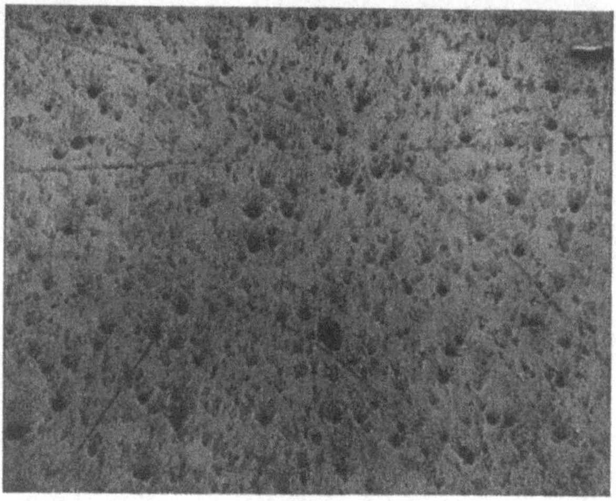

Abb. 11. Kraterkorrosion

Aufgabe vor, den genauen zeitlichen Verlauf des eigentlichen Abreißvorganges, der sich bei Ölen in einer Höhenlage bis zu etwa 10/1000 mm abspielt, zu untersuchen. Das gelang in einer Apparatur, die im Physikalischen Institut der Technischen Hochschule (Professor Dr. KERSTEN) von Frau Dr.-Ing. S. von SCHIESZL [10] anläßlich einer Doktor-Dissertation entwickelt wurde. (Noch nicht gedruckt). Dabei wurde die Bewegung der Platten gegeneinander durch eine optische Interferenz-Methode gemessen. Auf beiden Platten wurde je eine versilberte Interferenzplatte angebracht und ein monochromatischer Lichtstrahl von der Unterseite der Oberplatte auf die

Oberseite der Unterplatte reflektiert. Auf dieser entsteht ein Interferenzstreifensystem, das sich beim Abheben der Oberplatte verschiebt. Aus den Verschiebungen konnte die jeweilige Verschiebung der Oberplatte gegen die untere bestimmt werden. Die gemessenen Werte, die ein genaues Bild des zeitlichen Ablaufs des Abreißvorganges liefern, wurden nach der hydrodynamischen Theorie [11] nachgerechnet. Die Rechnung führt auf ein Gesetz

$$\sigma \cdot t = \left(\frac{r_a - r_i}{2}\right)^2 \cdot \eta \left(\frac{1}{h_0^2} - \frac{1}{h^2}\right)$$

Darin sind $(r_a - r_i)^2$ (Kreisringfläche der Platten) und η konstante Werte. h_0 bedeutet den — nicht meßbaren — Anfangsabstand der Platten nach dem Zusammendrücken, h die größte Verschiebung im Augenblick des Abreißens. Da h stets sehr groß gegenüber h_0 ist, dieser Wert aber eine Strukturkonstante des jeweiligen Öles darstellt, ist das Gesetz $\sigma \cdot t = \text{const.}$ in dieser Gleichung enthalten, in der $\frac{(r_a - r_i)^2}{2}$ die Apparate-Konstante darstellt. Ist η bekannt und $\sigma \cdot t$ gemessen, so kann man aus der Gleichung h_0 berechnen, d. i. der Anfangsabstand der Platten nach dem Zusammendrücken, definiert als mittlerer Abstand der Rauhigkeitsgebirge.

Bei Vergleichsversuchen einer Reihe synthetischer Öle ergaben sich h_0-Werte in der Größenordnung von rd. $5 \div 8\,\mu$. Dieser Wert geht in die vereinfachte Gleichung

$$\eta_z = \sigma \cdot t = \frac{(r_a - r_i)^2}{2} \cdot \frac{\eta}{h_0^2}$$

ein, so daß man für ein bestimmtes Öl den Wert η_z genau genommen auch als eine Funktion desjenigen Wertes h_0 ansehen muß, zu dem sich das betreffende Öl zwischen den beiden Platten zusammendrücken läßt, also einer strukturgegebenen Ölkennziffer. Der Vergleich zwischen den berechneten und gemessenen Werten war durchaus befriedigend.

Interessant ist, daß unmittelbar nach dem Abreißen die Oberfläche der Platte von einer größeren Zahl feinverästelter Ölbrücken überzogen ist (Abb. 12). Eine Erklärung für diese Erscheinung konnte noch nicht gefunden werden [12]. Die Versuche werden fortgesetzt.

Zusammenfassend kann gesagt werden, daß durch die η_z-Werte im Ubbelohde-Diagramm eine eindeutige Kennzeichnung der betreffenden Ölart gegeben ist. Jede Änderung der Struktur macht sich durch eine andere Höhenlage bzw. Neigung der Geraden nach Abb. 10 bemerkbar; es kann also in Zweifelsfällen die Zugehörigkeit oder Nichtzugehörigkeit des betreffenden Öles zu einer bestimmten, bekannten Gruppe geklärt werden. Insbesondere werden auch Strukturänderungen durch Alterserscheinungen durch die Abreißversuche

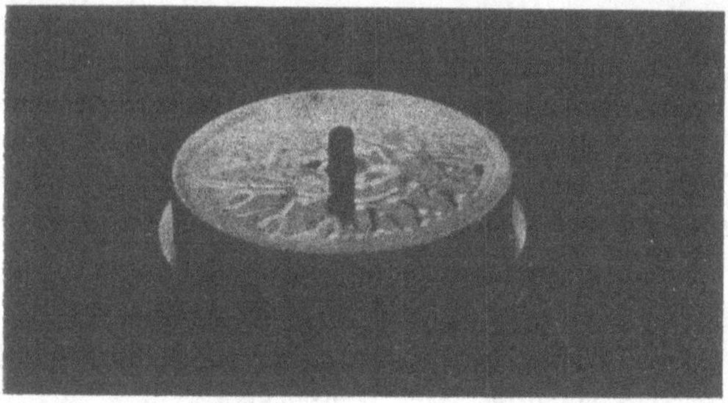

Abb. 12. Oberflächentannenbaum

deutlich gemacht. Vergleicht man die Meßpunkte, auf gleiche Viskosität bezogen, miteinander, so zeigen sich die Unterschiede der σ_z-Werte als nicht mit der Viskosität gleichlaufend (Abb. 10). Gleiche Viskositäten bedeuten also keineswegs gleiche strukturelle Eigenschaften; es können vielmehr erhebliche Unterschiede in den Schmiereigenschaften in der Grenzreibungsphase trotz gleicher Viskosität auftreten. Die in den üblichen Viskosimetern auf Grund der hydrodynamischen Gleichung von Poiseuille gemessenen Zähigkeiten reichen also zur Definition eines Öles nicht aus. Sie stellen alle „Einstoff"-Viskosimeter dar (kapillare Glasröhren!). In die Messungen der Abreißzähigkeiten geht aber auch der Einfluß der jeweiligen Metallpaarung ein; sie entsprechen daher besser den bei fast allen Schmiervorgängen vorliegenden praktischen Verhältnissen.

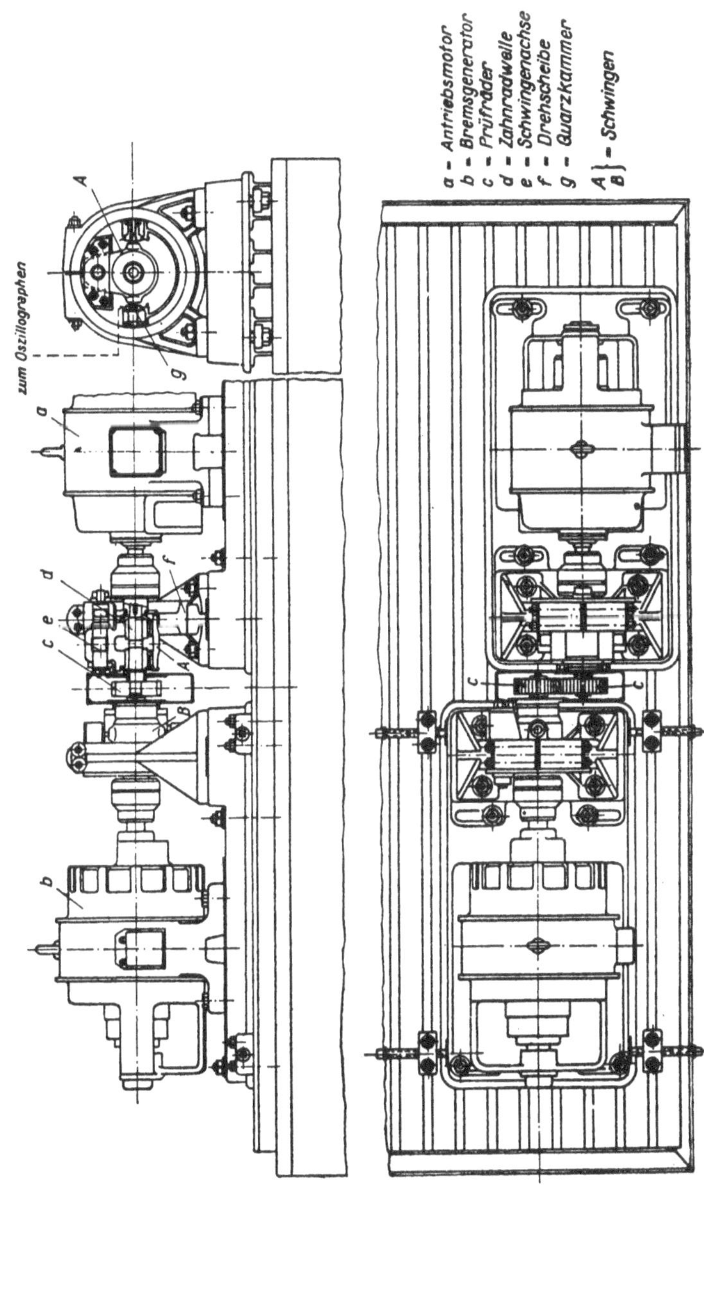
a – Antriebsmotor
b – Bremsgenerator
c – Prüfräder
d – Zahnradwelle
e – Schwingenachse
f – Drehscheibe
g – Quarzkammer
A
B } – Schwingen
zum Oszillographen
a
b
c
d
e
f
g
A
B

Abb. 13

Das Problem der sog. Strukturviskosität wird hier aktuell, d. h: die Frage, wie weit die sog. Viskosität nach Engler-Ubbelohde, wenn sie in engen Spalten zwischen zwei verschiedenen Stoffen gemessen wird, von dem Ergebnis der normalen Viskosimeter abweicht. Ein großer Fortschritt könnte erzielt werden durch die Herstellung eines Eichöles mit genau definierten Eigenschaften, auf das die Vergleichsversuche bezogen werden können. Vorläufig ist man daher auf Vergleiche mit bekannten Standardmarken angewiesen.

Das Zahnradprüfgerät

Dem typischen Anwendungsfall geschmierter Zahnradgetriebe kommt das in Abb. 13 und 14 dargestellte Zahnradprüfgerät noch näher [13, 9]. Zwei miteinander unter Belastung kämmende Stirnräder sind fliegend auf je einer Welle angeordnet und diese, nach dem Zahnflankenwinkel einstellbar, sind mit ihren Lagern auf Piezo-Quarze abgestützt. Dadurch können sowohl die tangential zur Zahnflanke auftretenden Reibungskräfte wie die senkrecht dazu auftretenden Normalkräfte auf einen Zweistrahl-Kathodenstrahl-Oszillographen, Bauart Dr. Nier, übertragen und abgebildet werden. Ursprünglich zur Untersuchung der Laufunruhe von Zahnrädern bestimmt, hat sich das Gerät als besonders wertvoll für Ölvergleiche bewährt. Einmal durch die Meßbarkeit der unter Zahnradverhältnissen auftretenden Grenzreibungskräfte (T-Werte), sodann aber durch die Möglichkeit, die Lebensdauer einer bestimmten aufgebrachten Ölmenge festzustellen. Die Überlagerung von wechselnden Gleitgeschwindigkeiten mit pulsierenden Andrück- und Abreißvorgängen unter hohen Pressungen stellt einen typischen Beanspruchungsfall dar; seine hohe Frequenz, gegeben durch das Produkt aus Zähnezahl mal Drehzahl, einen Ermüdungsprozeß der Ölfilmmaterie, wie er mit anderen Geräten kaum erzeugt werden kann. Das tritt in der Größe der tangentialen Reibungszahl — die in der Regel nur als Mittelwert bestimmt werden kann — weniger hervor als in der Lebensdauer einer dosierten Ölmenge von beispielsweise 1 cm³, die auf alle 20 Zähne gleichmäßig aufgebracht wird. Diese Lebensdauer kann auf dem Oszillographen deutlich abgelesen werden, da die grundsätzlich für jedes Zahnrad gegebene Reibungsschwingung bei voller Tauchschmierung sich bei dosierter Ölmenge nach einer bei jedem

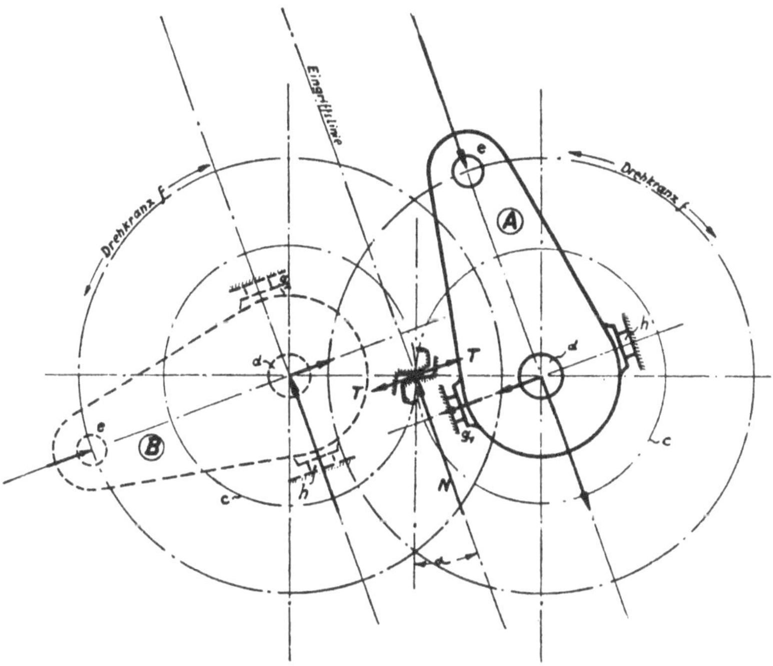

Rad an Schwinge B getrieben

Rad an Schwinge A treibt

Achse von Schwinge A liegt parallel zur Eingriffslinie
(Achse von Schwinge B liegt senkrecht zur Eingriffslinie)
System A mißt die Tangentialkraft T in Kammer g_1
(System B mißt die Schwankung der Normalkraft N in Kammer g_2)

c = Versuchsräder
d = Radwelle
e = Schwingzapfen
f = Drehkranz
g = Quarzkammer
A, B = Lagerschwingen
h = Druckschrauben

Abb. 14. Schema der Schwingeneinstellung
(Aus Dietrich: „Reibungskräfte, Laufunruhe und Geräuschbildung an Zahnrädern". Deutsche Kraftfahrtforschung, Heft 25, Berlin, VDI-Verlag 1939.)

Öl verschiedenen Laufzeit in regellose Sprünge auflöst, die von deutlich sichtbaren Reibrosterscheinungen auf den Zahnflanken begleitet sind. Die Lebensdauer solcher dosierter Ölfilme schwankt zwischen einigen Minuten und mehreren Stunden; ein unlängst untersuchtes Hypoidöl (Hochdrucköl) mit Zusätzen erbrachte den Rekord mit

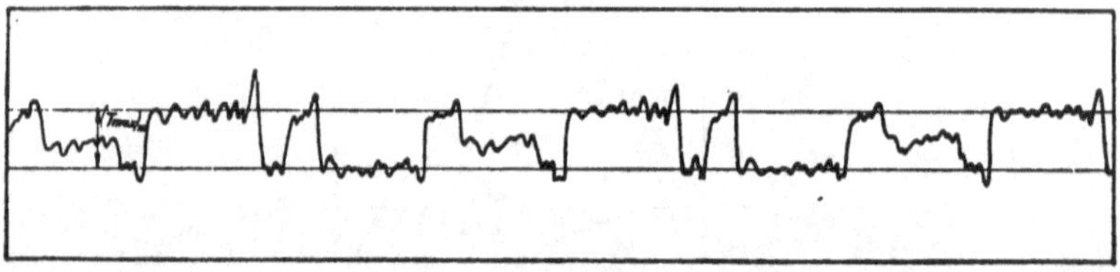

Osz. Laufbild bei Tauchschmierung

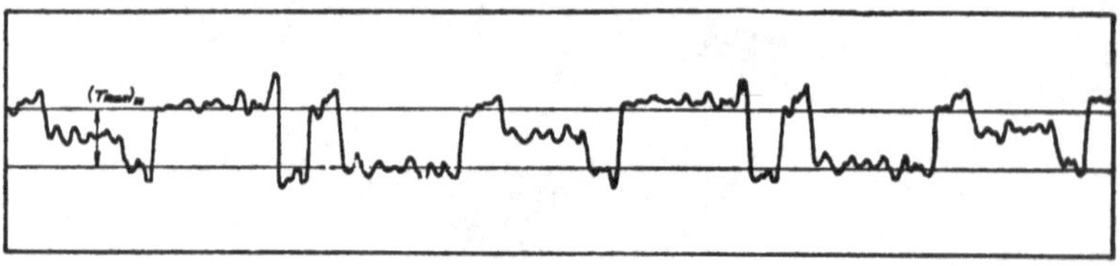

Osz. Laufbild bei 1 ccm Dosierungsschmierung, Laufzeit: 2 Min.

Abb. 15 Laufbilder bei Ölschmierung

Schmiermittel: Öl A, Drehzahl n = 100 U/min, Getriebeleistung N = 0,39 PS

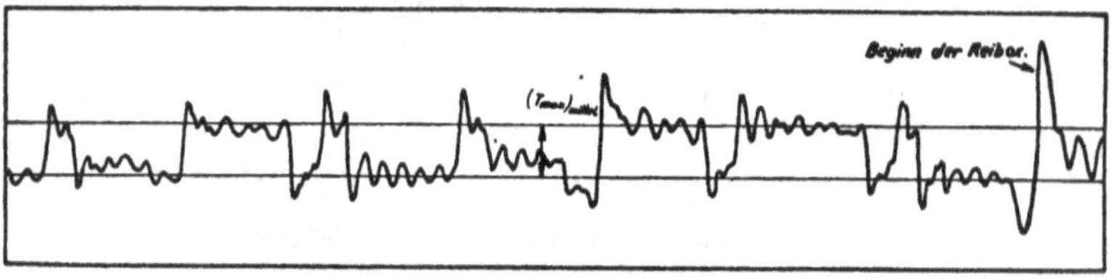

Osz. Beginn der Reiboxydation (Ro_1-Punkt), Laufzeit: 20 Min.

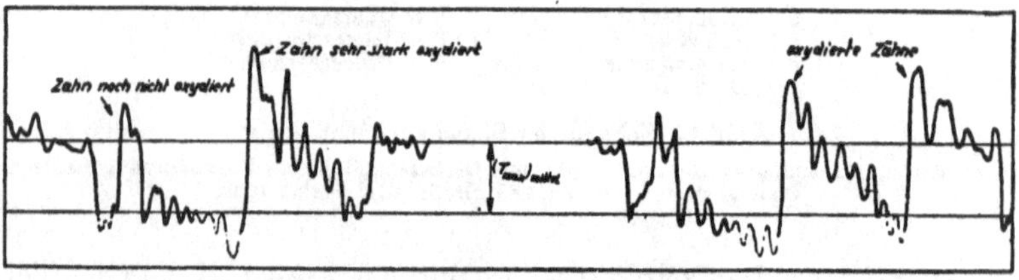

Osz. Fortgeschrittene Reiboxydation, Laufzeit: 35 Min.

Abb. 16. Laufbilder bei Ölschmierung

Schmiermittel: Öl A. Drehzahl: n = 100 U/min Getriebeleistung N = 0,39 PS

über 6 Stunden und damit den unzweideutigen Beweis seiner Überlegenheit für den vorliegenden Betriebsfall.

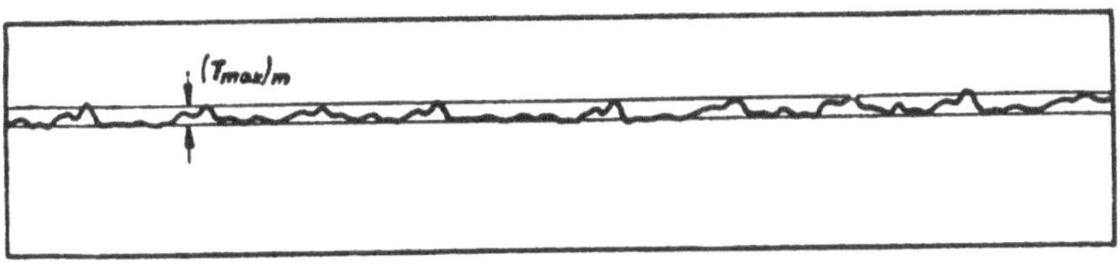

Osz. Laufzeit: 2 Min.

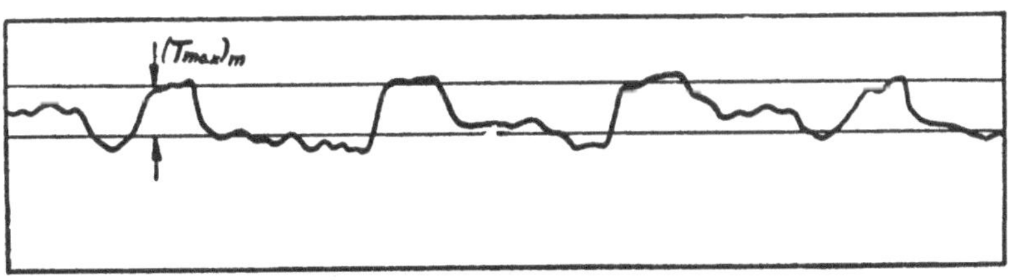

Osz. Laufzeit: 15 Min.

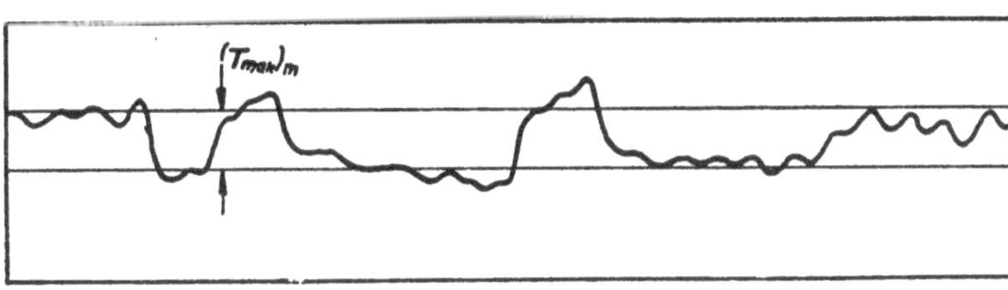

Osz. Laufzeit: 45 Min.

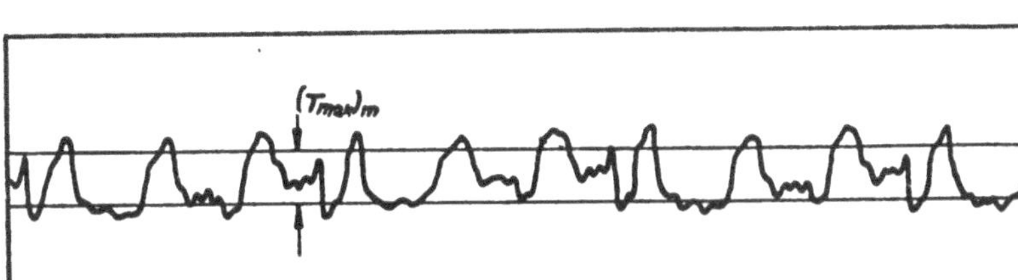

Osz. Schmiermenge: 1 ccm, Betriebsverhältnisse wie oben, Laufzeit: 2 Min. (Die Aufnahme zeigt die Schwingungen in gedrängterer Form.)

Abb. 17. Glättende Wirkung des Öls F.

Schmiermenge: 5 ccm, Drehzahl n = 100 U/min, Getriebeleistung N = 0,39 PS

Einige Beispiele solcher Oszillogramme sind in den Abb. 15, 16 wiedergegeben.

Die üblichen, durch Verseifungen entstandenen konsistenten Fette halten in der Regel nur wenige Minuten aus, eine Erscheinung, die ohne Zweifel auf die Minderwertigkeit der in ihnen enthaltenen Grundöle und die schlechten rheologischen Eigenschaften der sehr labilen Gemische zurückzuführen ist. Bemerkenswert ist bei einzelnen hochmolekularen synthetischen Ölen ihre große Dämpfungswirkung, die sogar die kinematisch verursachten Reibungsschwingungen unterdrückt (Abb. 17) und damit auch den Zahnflankenverschleiß zweifellos vermindert. Ausgiebiges Versuchsmaterial liegt in den Arbeiten meiner Mitarbeiter Dr.-Ing. DIETRICH und Dr.-Ing. PIETSCH vor [13, 9].

Es kann keinem Zweifel unterliegen, daß mit diesem Gerät wirklichkeitsgetreue Feststellungen über die Betriebsbrauchbarkeit der einzelnen Ölgruppen gewonnen werden können wie mit keinem anderen Gerät. Es liegt hier zum erstenmal ein Verfahren der mechanischen Alterung vor, das den bisher bekannten chemischen Methoden zum mindesten gleichwertig ist. Dabei ist zu beachten, daß bei den hohen spezifischen Pressungen zweifellos auch hohe thermische Beanspruchungen entstehen durch örtliche Temperaturblitze unter Anwesenheit des Luftsauerstoffs. Daß überhaupt eine auf viele Zahnflanken verteilte so geringe Menge des zähflüssigen Werkstoffes Öl in mikroskopischer Dicke eine so extreme Belastung in millionenfacher Wiederholung aushält, ohne zu ermüden, stellt an und für sich zweifellos ein naturwissenschaftliches Phänomen erster Ordnung dar, das eine kernphysikalische Erforschung der molekularen Vorgänge mit den Methoden der Atomphysik rechtfertigen würde.

Das Verschleißprüfgerät

Die volkswirtschaftlich sehr wichtige Verschleißfrage wurde bisher in der Hauptsache, wenn es sich um Gleit- und Wälzvorgänge handelt, vorwiegend im Hinblick auf die sog. „Verschleißfestigkeit" der gepaarten Metalle oder Kunststoffe studiert, insbesondere auch „trockenen" Verschleiß, wie er z. B. zwischen Rad und Schiene oder

Rad und Bremsklotz auftritt. Aber auch bei geschmierten Paarungen, bei denen die Dicke des Ölfilms unter den eingangs erwähnten Bedingungen auf molekulare Dimensionen absinkt, werden häufig Verschleißerscheinungen beobachtet, die die Lebensdauer lebenswichtiger Teile einer Maschine in unerwünschtem Ausmaß verkürzen. Sie entstehen häufig da, wo eine ausreichende Zuführung von Schmierstoff nicht immer möglich ist; die Aufgabe ist dann die,

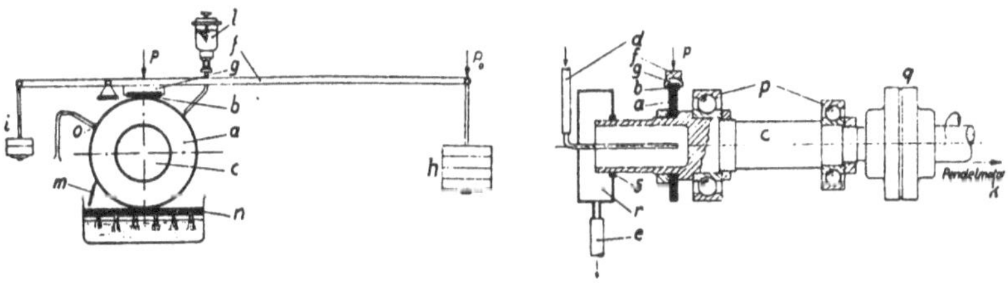

Abb. 18. Schema der Verschleißmaschine

a = zylindrische Scheibe	h = Belastungsgewichte	o = Thermoelement
b = Materialprobe	i = Entlastungsvorrichtung	p = Wellenlager (Kugellager)
c = Welle	k = Pendelmotor (Leonhardschaltung)	q = elastische Kupplung
d = Zuflußrohr	l = Tropföler	r = Fangkammer für Kühl- u. Heizflüssigkeit
e = Abflußrohr	m = Ölabstreifer	s = Simmering-Dichtung
f = Belastungshebel	n = Schmierkissen	
g = Probenhalterung		

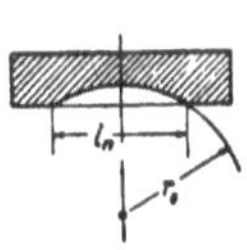

Abb. 18. Ausmessung des Einschliffes

l_n = Sehne des Einschleifbogens [mm] gemessen mit Meßmikroskop auf 0,01 mm genau

b_0 = Breite des Einschliffes [mm] Breite der Scheibe = 10 mm

r_0 = D/2 = Radius der Scheibe = 50 mm

Verschleißvolumen V (nach Eichinger) $V = \frac{l_n^3 \cdot b_0}{12 \cdot r_0}$ [mm³]

den Verschleiß in wirtschaftlich tragbaren Grenzen zu halten bzw. die Grenzen der Belastung zu finden, an denen er beginnt.

Schon Eichinger [14] hat darauf hingewiesen, daß es bei dem Verschleiß geschmierter Flächen ebenso wie bei dem Begriff der Schmierfähigkeit nicht nur auf die gepaarten Werkstoffe allein ankommt, sondern auf das Zusammenwirken mit dem Schmierstoff. Um diese Verhältnisse zu untersuchen, wurde nach seinem System die in Abb. 18 im Schema wiedergegebene Verschleißprüfmaschine gebaut, die im Prinzip dem Gerät von Amsler-Laffon entspricht. Eine

Stahlscheibe aus hartem, verschleißfestem Stahl schleift in einem flachen Probekörper eine zylindrische, sich allmählich vergrößernde Ausrundung ein. Das abgebaute Verschleißvolumen wird durch ein Meßmikroskop aufgemessen; es läßt sich aus den Abmessungen des Verschleißgebietes und der Schleifscheibe berechnen. Eine Wägung würde bei den oft sehr geringen Abriebmengen zu ungenau ausfallen.

Das Gerät kann nach zwei Richtungen hin benutzt werden. Will man bei gegebener Ölart den Verschleiß eines bestimmten Werkstoffes prüfen, so wird derselbe unter wechselnden konstanten Belastungen, Geschwindigkeiten, Temperaturen im Beharrungszustand längere Zeit gemessen, das Öl aber nicht geändert.

Soll der Einfluß der Ölart bestimmt werden, so läßt man den Werkstoff unverändert und wechselt die Ölsorten. Daraus erhellt, daß jeder bestimmten Paarung von Öl und Werkstoff eine charakteristische Verschleißfunktion entspricht. Betrachtet man die große Zahl der auf dem Markt befindlichen Ölsorten im Vergleich zu der noch größeren Verschiedenheit der Werkstoffe, so ergibt sich eine unendliche Zahl von möglichen Kombinationen, denen man nur durch eine Großzahlforschung begegnen kann, wenn man die aussichtsreichsten Typen herausarbeiten will.

Trägt man die gemessenen Abriebvolumina bei konstanter Drehzahl, Belastung und Temperatur, also unter konstanten Versuchsbedingungen, über der Zeit bzw. der abgerollten Wegeslänge in km auf, so ergeben sich die aus Abb. 19 und 20 ersichtlichen typischen Verschleißkurven. Während der Einlaufperiode steigt der Verschleiß nach einer mehr oder weniger steilen, aber nicht rechnerisch erfaßbaren Kurve an (Einlaufverschleiß). Nach einer gewissen Zeit geht diese Kurve in eine Gerade über, die unter einem der jeweiligen Paarung entsprechenden Winkel verläuft. Ihre Neigungstangente $\operatorname{tg} \alpha = \frac{dV}{ds}$ ist die Meßzahl für die vorliegende Paarung (spezifischer Verschleiß).

In Abb. 19 sind für verschiedene Öle bei gleichbleibendem Werkstoff die sich ergebenden Kurven eingetragen. Folgt die Gerade der

Absolutwerte, die in der Regel nicht durch den Nullpunkt geht, der Gleichung $y = ax + b$, so verläuft die Kurve des auf die Zeit-

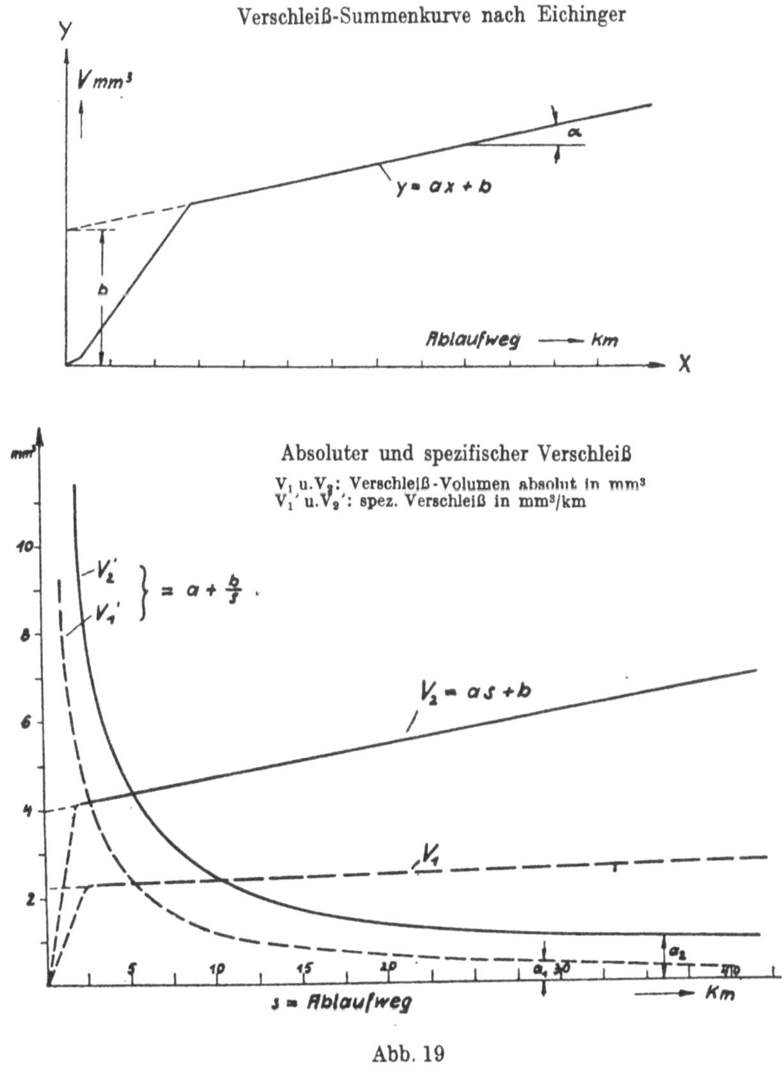

Abb. 19

einheit bezogenen Verschleißes $y' = a + \frac{b}{x}$ ideell als Hyperbel mit $y' = \infty$ für $x = 0$ und $y' = a$ für $x = \infty$, d. h. bei beginnendem Verschleiß ist der bezogene spezifische Verschleiß theoretisch unendlich groß, weil die Berührungsfläche anfangs sehr klein ist (Abb. 19).

Die Abb. 20 zeigt, wie charakteristisch jedes einzelne Öl sich verhält bei gleicher Metallpaarung, sowohl in bezug auf die „Ein-

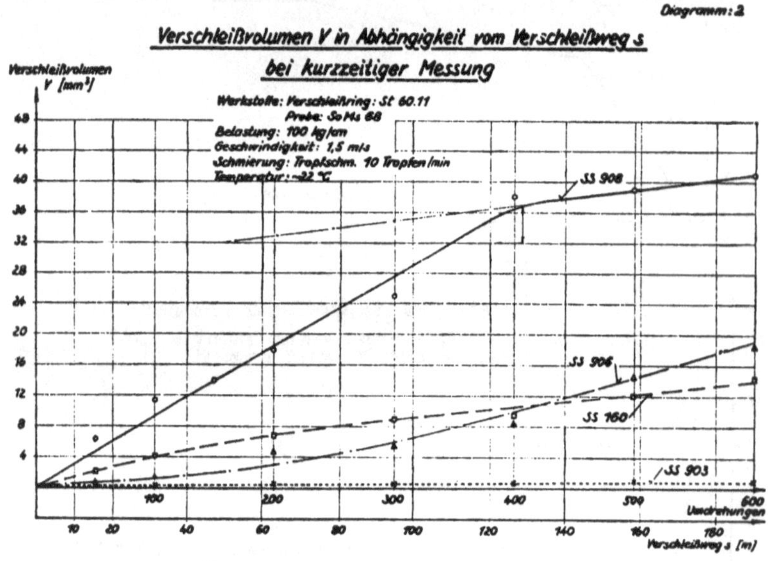

Abb. 20

lauffähigkeit“ wie auch in bezug auf den stationären Verschleiß. Bemerkenswert ist u. a., daß der Zusatz von colloidalem Graphit unter den hier gegebenen Bedingungen der Grenzreibung eine bemerkenswerte Verbesserung im Verschleiß gegenüber dem gleichen Grundöl ohne solchen Zusatz erkennen läßt. Daher lassen sich aus dieser Prüfmethode wertvolle Hinweise für die Praxis über den Nutzen solcher oder rein chemischer Zusätze gewinnen. Eine Verallgemeinerung der Ergebnisse verlangt auch hier die Verwendung eines Eichöles und genau definierter Metallproben.

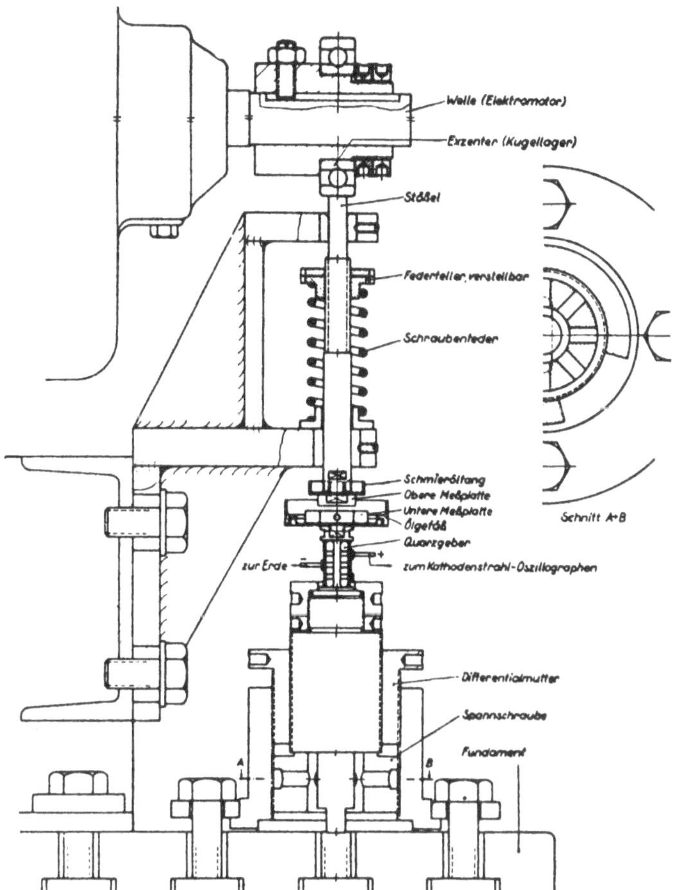

Abb. 21. Alterungsprüfgerät
Entwurf Dipl.-Ing. Häussler

Gerät für mechanische Alterung

Die Frage der Alterung der Schmierstoffe ist schon seit langem ein Gegenstand intensiver Forschung und namentlich auch für Brennkraftmaschinen. Sie wurde bisher nur von der chemischen Seite nach verschiedenen Testverfahren geprüft, die aber alle darauf hinauslaufen, den Augenblickszustand in chemischer Beziehung festzustellen, ohne zu berücksichtigen, daß nicht nur durch chemische Vorgänge (Oxydation usw.) eine Veränderung der Struktur der Schmierstoffe eintreten kann, sondern auch durch mechanische, d. h. physikalische. International gesehen herrscht die Meinung vor, daß nur eine praktische Prüfung in einem typisierten Einheitsmotor die Prüfung auf Verkokung, Ringstecken usw. ein brauchbares Ergebnis liefere, also z. B. in dem von der I. G. Farbenindustrie

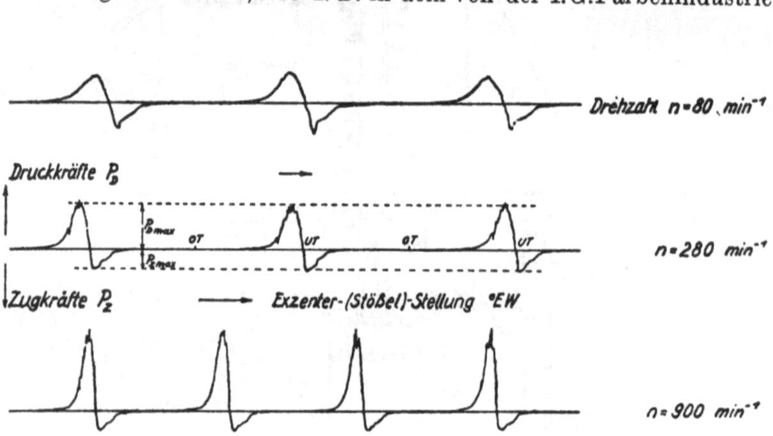

Abb. 22. Ausschnitte aus den aufgenommenen Oszillogrammen Gargoyle DTEmittel bei 20° C

s. Z. entwickelten Einzylinder-Prüfmotor. Hier überlagern sich aber dem eigentlichen Schmiervorgang zwischen Kolben und Zylinder eine ganze Reihe chemischer und mechanischer Vorgänge, so daß der Einfluß der Ölstruktur nicht leicht herauszueichen ist. Es existiert darüber ein umfangreiches Schrifttum [15].

Es wurden oben bereits an dem Abreißgerät und dem Zahnradgerät praktisch einfache Methoden aufgezeigt, um an einfachen Versuchskörpern grundsätzliche Erkenntnisse zu gewinnen. Um diese zu erweitern, wurde das in Abb. 21 dargestellte Gerät entwickelt. Eine geschliffene ebene Metallplatte wird durch einen kurvengesteuerten Stößel periodisch gegen eine unter ihr fest angeordnete Platte bis auf einen geringen Abstand von einigen Hundertstel Millimetern bewegt, ohne direkt aufzustoßen. Zwischen beiden befindet sich eine Schicht des Versuchsöls unter Luftabschluß gegen den Zwischenraum. Die untere feste Platte ist beiderseits gegen Piezoquarze abgestützt, derart, daß sowohl die auf sie ausgeübten Zugkräfte wie Druckkräfte im Oszillographen gemessen werden können. Der Stößel kann mit einer beliebigen Frequenz bis zu 2000 Hüben durch einen Antriebsmotor bewegt werden.

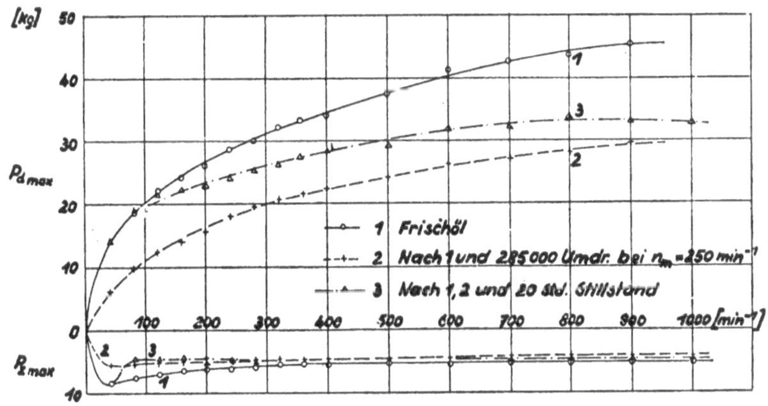

Abb. 23. Maximale Druck- und Zugkräfte in Abhängigkeit von der Drehzahl mit der gleichen Ölfüllung nach verschiedener Behandlung des Öles

Versuchsöl: Gargoyle DTE AA Plattendurchmesser: 20 mm
Temperatur: 20° C Min. Spaltweite: 0,05 mm

Führt man einen solchen Versuch bis zu der Größenordnung von 10^5 Lastwechseln durch, so ergeben sich höchst charakteristische Unterschiede in dem Verhalten der einzelnen Ölarten gegenüber einer solchen pulsierenden Belastung. Abb. 22 gibt ein Beispiel der aufgenommenen Oszillogramme. Wertet man die daraus zu entnehmenden und eichfähigen Amplituden im zeitlichen Ablauf der Versuche aus, so ergeben sich Kurvenzüge der in den Abb. 23 und 24 gezeigten Art, die die Veränderung der von der Ölschicht ausgeübten Zug- und Druckkräfte erkennen lassen.

Läßt man nach mehreren Hunderttausend Lastwechseln das Versuchsöl längere Stunden ruhen und wiederholt dann den Versuch, so zeigen sich höchst bemerkenswerte Unterschiede. Manche Öle behalten eine dauernde Verschlechterung bei, andere erreichen wieder ihren Anfangszustand und wieder andere zeigen eine wesentliche Verbesserung, d. h. Erhöhung der ausgeübten Kräfte. Es ergibt sich also der eindeutige Beweis, daß die hier zugrunde liegende periodische Beanspruchung die molekulare Struktur des Öles ver-

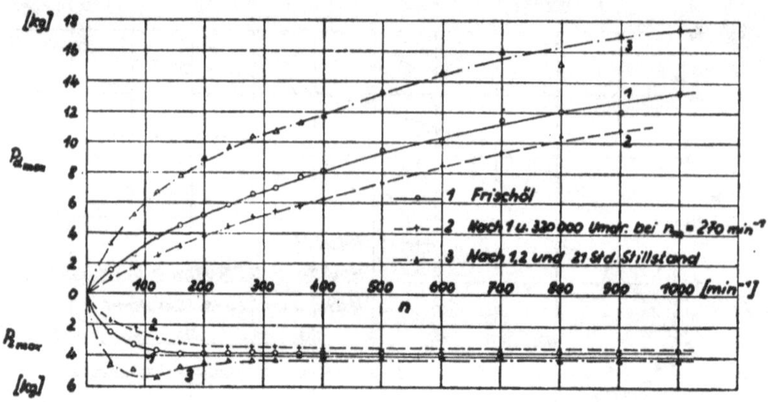

Abb. 23. Maximale Druck- und Zugkräfte in Abhängigkeit von der Drehzahl mit der gleichen Ölfüllung nach verschiedener Behandlung des Öles

Versuchsöl: Vollsynthet. Öl H 16 — Plattendurchmesser: 20 mm
Temperatur: 20° C — Min. Spaltweite: 0,05 mm

ändern kann. Welcher Art diese ist und wie sie sich in der chemischen Konstitution auswirkt, ist mit den bisherigen Mitteln nicht festzustellen. Die physikalische Chemie verfügt noch über keine Methoden, die kurzfristig und ohne sehr umständliche Verfahren eine Aussage über den Zustand solcher geringen Ölmengen gestatten. Man kann diese Versuche also vorläufig nur statistisch, nicht kausal auswerten. Ihre Erweiterung ist im Gange.

Vorsichtig ausgedrückt, ist in dieser Versuchsmethode ein Vorgang nachgebildet, der den plötzlichen Geschwindigkeits- und Druckänderungen bei vielen Schmiervorgängen der Praxis immerhin nahekommt: dem plötzlichen Druckwechsel im normalen Gleitlager (Druckberg), in hydraulischen Getrieben aller Art mit Drosselvorgängen zum Antrieb von Werkzeugmaschinen, Strömungs-Umformern u. dgl., die eine immer größere Bedeutung gewinnen und bei denen das Öl nicht nur als Schmierstoff im engeren Sinne, sondern als Treibstoff wirkt. Schließlich ist jedes hydrodynamisch arbeitende Lager auch nichts anderes als eine Art Ölpumpe. Bei vielen dieser Apparate, die auch mit einer stetigen Ölzirkulation arbeiten, erschwert sich die Übersicht aber dadurch, daß häufig nur ein relativ geringer Teil des umlaufenden Ölvolumens der eigentlichen Hauptbeanspruchung unterworfen wird, die Hauptmasse aber nur zur Kühlung, Vorratshaltung u. dgl. Verwendung findet. Das beeinflußt natürlich die Intensität des Alterungsvorganges und der Ermüdung.

Zusammenfassung

Die vorstehenden Betrachtungen hatten den Zweck, einen Überblick über die im Institut des Verfassers seit längeren Jahren bis in die letzte Zeit hinein entwickelten technisch-physikalischen Methoden der Ölprüfung zu geben. Sie bilden nur einen Ausschnitt aus der Gesamtarbeit des Institutes, die sich daneben auch auf die technische Überprüfung von Lagerkonstruktionen und Getrieben aller Art erstreckt. Es existieren daneben noch zahlreiche andere Ölprüfgeräte und im Schrifttum verstreute Einzelreferate. Es sei besonders auf die Berichte über die große internationale Tagung „Lubrication and Lubricants" der Institution of Mech. Engineers, London 1936, hingewiesen, die ca. 100 Einzelberichte umfaßt [2]. Eine weitere Zusammenstellung des Verfassers erscheint demnächst in der vom Springer-Verlag von Professor Dr. Zerbe neu herausgebrachten Auflage des Buches von Holde, Schmiermittel.

Es muß aber grundsätzlich auf gewisse Bedingungen hingewiesen werden, die bei echten Ölprüfgeräten unbedingt eingehalten werden müssen. Einmal dürfen nur einfachste Geräte verwendet werden, deren mit dem Prüföl in Berührung kommende Teile leicht und wirksam so gereinigt werden können, daß keine Reste von früheren

Ölen verbleiben. Daß das keine einfache Aufgabe ist, weiß jeder Fachmann. Alle sog. Lagerprüfmaschinen sind daher von vorneherein für Ölprüfungen unbrauchbar.

Zweitens muß es möglich sein, mit geringen Ölmengen von höchstens 1 l auszukommen, damit schon Laboratoriumsserien geprüft werden können, die noch nicht zur Großfabrikation geführt haben.

Drittens muß der Zeitaufwand für die Prüfungen in erträglichen Grenzen bleiben, weil sonst Versuchsreihen größerer Gruppen so lange dauern würden, daß ihre praktische Auswertung in Frage gestellt wird.

Viertens ist die Zeitempfindlichkeit mancher Ölarten zu berücksichtigen, die auf eine zeitliche Unstabilität ihrer Anfangsstruktur schließen läßt.

Endlich muß dahin gestrebt werden, daß eine enge Verbindung mit der chemisch-physikalischen Strukturforschung hergestellt wird. Bisher redeten die Ingenieure einerseits und die Chemiker andererseits in verschiedener Sprache; die Atomphysik verhielt sich meistens noch passiv. Es mehren sich aber in neuerer Zeit die erfreulichen Anläufe in dieser Richtung. Es sei insbesondere auf die grundlegenden Arbeiten von Dr. Umstätter am Institut für Physikalische Chemie in Dahlem und sein unlängst erschienenes Werk „Strukturmechanik" hingewiesen, ferner auf die Arbeiten der Schule von Professor Dr. K. L. Wolf, früher Universität Halle, und seiner Mitarbeiter Dr. Dunken, von Eichborn, Harms, Ramsauer, Gauditz u. a. m. [16, 17, 18, 19, 20].

Es war unmöglich, im Rahmen dieser Abhandlung diese Berichte alle zu würdigen. Wenn sie dazu beiträgt, der chemisch-physikalischen Forschung von der technischen Seite her neue Impulse zu geben, so hat sie ihren Zweck erfüllt. Hier eine Gemeinschaftsarbeit größten Stiles zu entwickeln, ist die Aufgabe der nächsten Zukunft, wenn wir bedenken, welche großen wirtschaftlichen Werte auf dem Spiele stehen. Daher ist auch diese Aufgabe ein Beitrag, den die Wissenschaft aus innerer Verpflichtung gegenüber unserem Volke für den Wiederaufbau leisten kann. Aber es ist noch ein weiter Weg bis zum Ziele und viele Grundlagenforschung noch zu leisten. Das in der Westzone erlassene Verbot der synthetischen Herstellung von Schmierölen darf diese Forschung nicht aufhalten. Sie muß dem Maschinenbau in Deutschland einen neuen Auftrieb in der Richtung auf Verfeinerung seiner gestaltenden Aufgaben und geringsten Materialaufwand erteilen. Der heranwachsenden Generation aber mögen diese Betrachtungen ein Hinweis darauf sein, daß nur auf der höchsten Ebene wissenschaftlicher Erkenntnis und Schulung entscheidende Fortschritte im friedlichen Wettkampf der Völker zu erringen sind.

Verzeichnis des Schrifttums

[1] Kadmer, E. H. Schmierstoffe und Maschinenschmierung. Verlag Gebr. Borntraeger, Berlin-Zehlendorf, 1941.

[2] Lubrication and Lubricants. Berichte über die Schmiertagung der Institution of Mech. Engineers, London, 1936.

[3] Heidebroek, E. Zur Theorie der Flüssigkeitsreibung. Forschung im Ingenieurwesen, Bd. 6, 1935, S. 161, VDI-Verlag, Berlin.

[4] Rumpf, A. Reibung und Temperaturverlauf im Gleitlager. Forschung im Ingenieurwesen, Bd. 9, 1938, Heft 6, VDI-Verlag, Berlin.

[5] Nücker, W. Untersuchungen über den Schmiervorgang in Gleitlagern. VDI-Forschungsheft Nr. 352, 1931, VDI-Verlag, Berlin.

[6] Glocker, R. Atomphysikalische Änderungen bei der Gleitung von Metalloberflächen. Heft 52 der Schriften der Deutschen Akademie der Luftfahrtforschung, 1942, S. 9.

[7] Tränkner, G. Reibungsmessungen an kleinen Lagern im Gebiet der Grenzreibung. Forschung im Ingenieurwesen, Bd. 14, 1943, Heft 1. VDI-Verlag, Berlin.

[8] Peppler, W. Druckübertragung an geschmierten zylindrischen Gleit- und Wälzflächen. Forschung im Ingenieurwesen, Bd. 9, 1938, Nr. 4, VDI-Forschungsheft 391. VDI-Verlag, Berlin.

[9] Heidebroek, E. und Pietsch, E. Untersuchungen über den Schmierzustand in der Grenzreibung. Forschung im Ingenieurwesen, Bd. 12, 1941, VDI-Verlag, Berlin.

[10] von Schießl, S. Versuche zur Klärung der Gültigkeitsgrenze der Hydrodynamik in dünnen Schmierölschichten. Dr.-Dissertation 1948, T. H. Dresden.

[11] Gümbel, L. und Everling, E. Reibung und Schmierung im Maschinenbau. Verlag M. Krayn, Berlin 1925, S. 14.

[12] Heidebroek, E. Der Begriff „Schmierfähigkeit als Tragfähigkeit". Archiv für Metallkunde, Heft 7/8, 1947, S. 356. Verlag Chemie, Berlin.

[13] Dietrich, G. Reibungskräfte, Laufunruhe und Geräuschbildung an Zahnrädern. Deutsche Kraftfahrtforschung, Heft 25, 1939, VDI-Verlag, Berlin.

[14] Eichinger, A. Verschleiß metallischer Werkstoffe. Mitteilungen aus dem Kaiser-Wilhelm-Institut für Eisenforschung, Abhandlung 422.

[15] DVL DVL-Tagung über Alterungsvorgänge. 1942, DVL-Berlin-Adlershof.

[16] Umstätter, H. Schlüpfrigkeit und Grenzphasenreibung. Zeitschrift „Technik", Bd. 2, 1947, Heft 4, S. 171.

[17] Dunken, E., Fredenhagen, L. und K. L. Wolf Kolloid-Zeitschrift, 1942, S. 101.

[18] Wolf, K. L. Die Chemie, 55, Jahrgang 39/40, 1948, S. 295.

[19] Sazeschine, J. und Miyuke, W. Bull. Chem. Soc. Japan, 12, 1937, S. 96.

[20] Gauditz, I. L. Über Grenzflächenreibung. Dr.-Dissertation, Halle, 1944.

Verzeichnis der Abbildungen

BERICHTE ÜBER DIE VERHANDLUNGEN DER SÄCHSISCHEN AKADEMIE DER WISSENSCHAFTEN ZU LEIPZIG

MATHEMATISCH-NATURWISSENSCHAFTLICHE KLASSE

BERICHTE ÜBER DIE VERHANDLUNGEN DER SÄCHSISCHEN AKADEMIE DER WISSENSCHAFTEN ZU LEIPZIG

PHILOLOGISCH-HISTORISCHE KLASSE

Band 97 Heft 1, *Theodor Frings:*
Antike und Christentum an der Wiege der deutschen Sprache DM 3.—

Band 97 Heft 2. *Friedrich Weller:*
Zum mongolischen Tanjur DM 4.75

Band 97 Heft 6. *Franz Dornseiff:*
Verschmähtes zu Vergil, Horaz und Properz DM 11.50

Band 97 Heft 7. *Werner Krauss:*
Altspanische Drucke im Besitz der außerspanischen Bibliotheken DM 10.50

Band 97 Heft 8. *Martin Lintzel:*
Liebe und Tod bei Heinrich von Kleist DM 3.50

Band 98 Heft 6. *Walter Baetke:*
Christliches Lehngut in der Sagareligion. Das Svoldr-Problem DM 5.50

Band 99 Heft 1. *Karl Barwick:*
Caesars Bellum civile (Tendenz, Abfassungszeit und Stil) DM 11.70

Band 98 Heft 3. *Jakob Jatzwauk:*
Sorbische Bibliographie DM 16.—

Band 98 Heft 5. *Paul Thieme:*
Studien zur indogermanischen Wortkunde und Religionsgeschichte (im Druck)

Band 98 Heft 7. *Friedrich Weller:*
Tibetisch-Sanskritischer Index zum Bodhicaryavatara (im Druck)

Band 99 Heft 2. *Martin Lintzel:*
Die Entstehung des Kurfürstenkollegs (im Druck)

Band 99 Heft 3. *Martin Jahn:*
Die Abgrenzung von Kulturgruppen und Völkern in der Vorgeschichte (im Druck)

Die Hefte erscheinen in zwangloser Folge

Bestellungen an eine wissenschaftliche Buchhandlung oder an den Verlag erbeten

AKADEMIE-VERLAG · BERLIN NW7

FSC
www.fsc.org
MIX
Papier | Fördert
gute Waldnutzung
FSC® C083411

Zeitfracht Medien GmbH
Ferdinand-Jühlke-Straße 7
99095 Erfurt, Deutschland
produktsicherheit@kolibri360.de